科学のタネを育てよう ①

蛇口に見える シッポ の なぞ

結城千代子・田中 幸／共著

物語でわかる
理科の自由研究

少年写真新聞社

はじめに

この本は、ノーベル物理学賞を受賞した科学者・朝永振一郎博士が子どもたちに向けて書いた次の言葉を、理科の自由研究の流れに当てはめて、物語にしています。

> ふしぎだと思うこと　これが科学の芽です
>
> よく観察してたしかめ　そして考えること
>
> これが科学の茎です
>
> そうして最後になぞがとける　これが科学の花です
>
> **朝永振一郎**※

「ふしぎ」なこと＝科学のタネは、身のまわりにいっぱいあります。イモムシがどのようにしてチョウに変わるのか、夜の星空がどこまで続くのかなど、数え上げればきりがありません。「ふしぎ」なことの正体を探る＝なぞを解くことは、理科の研究とまったく同じです。

この本は、科学のなぞの探り方をまとめたガイドブックのようなものです。科学のタネから出た芽を育て、茎を伸ばし、なぞが解けて花が咲くまでを物語にしています。

理科の自由研究だけではなく、みなさんが社会に出て、答えのない課題に取り組まなくてはならないときに、この「科学のなぞの探り方」が、きっと役に立つでしょう。

現代は、科学技術の時代といわれています。科学技術の発展によって、さまざまなことがわかるようになり、便利なものが次つぎと発明されています。もうこれで十分なのではないか、これ以上わからないことやできないものはないと思う人がいるかもしれません。

この本を読んで、決してそうではない、私たちのまわりはまだまだ「ふしぎ」に満ちている、「ふしぎ」だと思う、「ふしぎ」について考える、それこそが人が人であるために大切なことだと感じていただけたら、著者としてはとてもうれしく思います。

結城千代子　田中幸

※出典：朝永振一郎（1980）『回想の朝永振一郎』松井巻之助 編、みすず書房

もくじ

- この本の使い方 …………… 4

1 科学のタネを発見！
　これってなんだろう？ ……… 6

2 シッポを観察しよう
　シッポは何でできている？ … 10
　シッポの形の変化を
　　記録しよう ……………… 12

3 蛇口に秘密あり？
　蛇口のつくりを
　　調べてみよう …………… 14
　網の効果を確かめよう ……… 16
　網とシッポの関係を探ろう … 18
　シッポができない網を追え … 20

4 空気はどこからやってきた？
　仮説を立てて実験！ ………… 22
　泡が流れてくる？ …………… 24
　水に溶けている空気？ ……… 28
　蛇口のまわりの空気？ ……… 30

5 水の科学館を訪ねて
　水道や水をもっと探ろう …… 33

6 調べたことをまとめよう
　結論を出そう ………………… 36
　ポスターを作ろうよ ………… 38

7 みんなに教えちゃおう！ … 42

8 研究に大切なこと ………… 44

- 研究ノートの基本 …………… 46
- キーワードさくいん ………… 47

この本の使い方

この本では、ひとつのふしぎを追いかける子どもたちの研究の流れが描かれています。

★研究の物語
登場人物が、話し合いや実験・観察をしながら、ふしぎを解明していきます。読み手のあなたも、その場にいる気持ちで読んでみましょう。

★実験・観察コーナー
物語の中で登場人物が考えた実験・観察です。〈用意するもの〉、〈実験方法〉をよく読んで、結果の予想を立ててみましょう。実際に挑戦してみるのもよいでしょう。

シッポの形の変化を記録しよう

- ねえ、このシッポって、いつも同じ形じゃないみたい。
- 空気だから水に押されているのかな。どんな形に変わるのか、写真を撮っておこうよ。
- オッケー。図でも描けたらいいな。
- そうしましょう。少しずつ伸びるみたいだから、伸び始めてからの時間とシッポの長さもはかりましょうか。

3人は、時間ごとのシッポの形の変化を、写真と動画、図で記録し始めました。

変化するシッポの形を記録する

用意するもの
研究ノート、色鉛筆、定規、ストップウォッチ、バケツ、タブレット、デジタルカメラ

実験方法
①水道水を出し、シッポが見え始めたらストップウォッチで時間をはかり始める。
②定規で一番長いシッポの先までの長さをはかり、1mm変化するごとに時間を記録する。長さの変化がなくなったらはかるのをやめる。
③同時に、変化の様子を写真や動画、図で記録する。伸びなくなってもしばらく様子を観察する。
※実験は3回行い、それぞれ同じように記録する。

12

登場人物

元気いっぱいの小学校5年生

ヒカル　シュウ　アキ　河合先生

3人の担任の先生

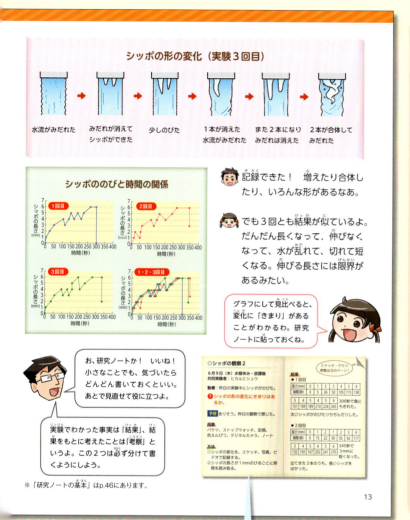

くり返し読んでみよう

1回目 登場人物のなぞ解きを楽しむ

なぞを解いていくおもしろさを感じながら、物語を読んでみましょう。

2回目 研究の進め方を確かめる

あなたの自由研究に取り組む前に、研究の進め方を確かめながら読んでみましょう。

3回目 研究の進め方をふり返る

自由研究に取り組んだあとに、研究の進め方をふり返りながら読んでみましょう。良かった点、悪かった点を見つけたら、次の自由研究に役立てましょう。

★研究ノート

登場人物が実験・観察の結果や話し合いの内容をまとめたノートです。どうして実験をしたのか、何を使ったのか、どんな方法で実験をしたのか、そこから何がわかったのかをあとでふり返ることができます。あなたの自由研究の参考にしてみましょう。

※p.46にある「研究ノートの基本」には、ノートの書き方や注意がまとめられています。

1 科学のタネを発見！

これってなんだろう？

アキ、ヒカル、シュウは理科室の掃除当番です。ある日、ぞうきんを洗おうとしたシュウが、何かを見つけて夢中になっています。

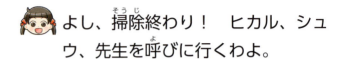
よし、掃除終わり！ ヒカル、シュウ、先生を呼びに行くわよ。

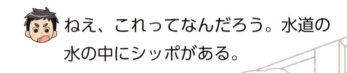
ねえ、これってなんだろう。水道の水の中にシッポがある。

え!? ……ほんとだ。

アキ、見て見て。水の中に白いシッポが生えているんだ。

ええ!?

蛇口の先からシッポが生えているように見えます。

 わ！ 蛇口の先に何か見える！ おもしろーい。

　水道水の中には、確かにシッポのような形の影が見えます。ふしぎに思った3人は、先生を呼びに行きました。

 どうしたんだい？
おや、こらこら、水を出しっぱなしにしてはダメだよ！

 先生、見てよ！ ほら！ ここ！

 水の中を見てください。蛇口の先にシッポが生えているんです。

 ゆらゆらして、形が変わるんです。

 ほう……本当だ。なんだろう。

 え、先生も知らない？ まさかの大発見？ もっと調べてみようぜ。

 いいね！ 水を止めたら蛇口から垂れ下がっているものが見えるかな。

 よし、止めてみるよ。

3人はシッポの正体が気になり、それぞれで調べてみることにしました。

 だめだ……。あのシッポについて書いてある本が見つからない。

 インターネットでも見つからないなんて信じられない……。

 お父さんに聞いてみたけれど、知らないって言われちゃった。

 ……ぼくらが最初の発見者だったりして。

 え、最初の発見者!?

 それってすごくない？ こうなったらぼくたちで正体を突き止めようよ。

 うん、やろう!!

 やる気が出てきた！

 あ、でも水を流しっぱなしにしたらもったいないわ。バケツにためて水やりに使いましょうよ。

 オッケー！ ほかのクラスからもバケツを借りてくるね。

6/7（火） シッポ発見

理科室のそうじをしていたら、水道のじゃぐちから生えるふしぎなシッポを見つけた。
わたしにも先生にもヒカルにもシュウにもわからなかった。
みんなで調べてみたけれど、正体不明なので、実験でつき止める！
水をいっぱい出すから、ムダにならないようにバケツにためることにした。

新・発・見

2 シッポを観察しよう

シッポは何でできている？

翌日、3人と先生は理科室に集まりました。

 バケツは準備できたよ。実験開始だ！

 まず指で触ってみるぞ。

ところが、シュウが指を入れると水の流れが乱れ、シッポが消えてしまいます。

 なくなっちゃった。
シッポを消さないで触れないかな。

 じゃあ、竹串は？　ほら！　つつけたわ！

 このシッポ、何でできているんだろう。硬いものがあるわけじゃないし。

 そこだけ水の色が違うわけでもなさそうね。もしかしたら空洞なのかも。

そうだ、シッポにストローを挿してみない？　もしシッポの部分が空洞なら、ストローを挿し込んでも水は出てこないはずよ。

 確かに。中身は空気だもんね。

 シッポは小さいから、スポイトの先を切ってプチストローにしよう。

アキはプチストローを挿してみました。

 見て、水が出ない！

 シッポには水がないってことだ。

 間違いなく空気でできているんだよ！

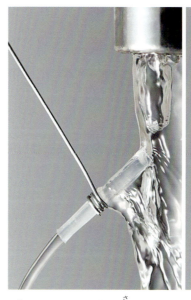
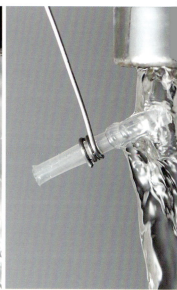

プチストローを水に挿したとき（左）とシッポに挿したとき（右）。シッポの部分では水が出てきません。

「水が出てこなくなった」っと。

あれ、何を書いているの？

研究ノートよ！

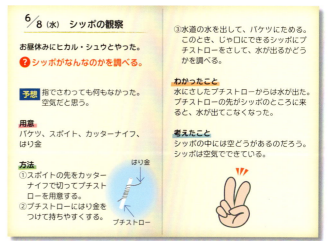

 ナイスアイデア！　忘れないもんね。

 うん。また同じ実験ができるよ。

シッポの形の変化を記録しよう

 ねえ、このシッポって、いつも同じ形じゃないみたい。

 空気だから水に押されているのかな。どんな形に変わるのか、写真を撮っておこうよ。

 オッケー。図でも描けたらいいな。

 そうしましょう。
少しずつ伸びるみたいだから、伸び始めてからの時間とシッポの長さもはかりましょうか。

3人は、時間ごとのシッポの形の変化を、写真と動画、図で記録し始めました。

変化するシッポの形を記録する

用意するもの

研究ノート、色鉛筆、定規、ストップウォッチ、バケツ、タブレット、デジタルカメラ

実験方法

❶ 水道水を出し、シッポが見え始めたらストップウォッチで時間をはかり始める。
❷ 定規で一番長いシッポの先までの長さをはかり、1mm変化するごとに時間を記録する。長さの変化がなくなったらはかるのをやめる。
❸ 同時に、変化の様子を写真や動画、図で記録する。伸びなくなってもしばらく様子を観察する。
※実験は3回行い、それぞれ同じように記録する。

シッポの形の変化（実験3回目）

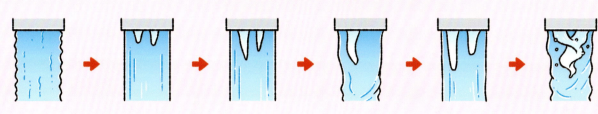

水流がみだれた → みだれが消えてシッポができた → 少しのびた → 1本が消えた水流がみだれた → また2本になりみだれは消えた → 2本が合体してみだれた

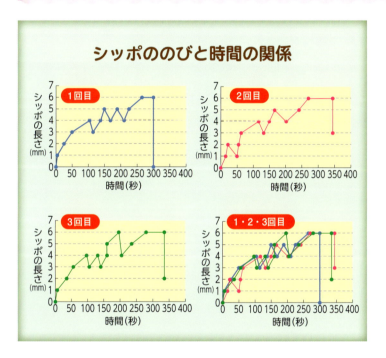

記録できた！ 増えたり合体したり、いろんな形があるなあ。

でも3回とも結果が似ているよ。だんだん長くなって、伸びなくなって、水が乱れて、切れて短くなる。伸びる長さには限界があるみたい。

グラフにして見比べると、変化に「きまり」があることがわかるわ。研究ノートに貼っておくね。

お、研究ノートか！ いいね！ 小さなことでも、気づいたらどんどん書いておくといい。あとで見直せて役に立つよ。

実験でわかった事実は「結果」、結果をもとに考えたことは「考察」というよ。この2つは必ず分けて書くようにしよう。

※「研究ノートの基本」はp.46にあります。

◎シッポの観察2

6月9日（木）お昼休み・放課後
共同実験者：ヒカルとシュウ

動機：昨日の実験中にシッポがのびた。

❓ シッポの形の変化にきまりはあるか。

予想 ありそう。昨日の観察で感じた。

用意
バケツ、ストップウォッチ、定規、色えんぴつ、デジタルカメラ、ノート

方法
①シッポの変化を、スケッチ、写真、ビデオで記録する。
②シッポの長さが1mmのびるごとに時間を読み取る。

スケッチ・グラフ、考察は次のページ！

結果
● 1回目

長さ(mm)	0	1	2	3	3	4
時間(秒)	0	5	26	50	105	138

5	4	5	4	5	6	300秒で急に
151	169	189	210	224	265	ちぎれた。

太いシッポがのびたりちぢんだりした。

● 2回目

長さ(mm)	0	1	2	1	2	3	4
時間(秒)	0	15	22	50	55	62	117

3	4	5	4	5	6	345秒で
132	150	167	202	241	270	3mmに短くなった。

出てきた3本のうち、長いシッポをはかった。

3 蛇口に秘密あり？

蛇口のつくりを調べてみよう

3人は、水を止めて蛇口を調べることにしました。指で触ると何かがあるようです。

シュウが下からのぞいてみました。

 網がついている！

 本当だ。金属製の網よ。

 水に混じった小石とかゴミとかを取るためにあるんじゃない？めったになさそうだけど。

 お、ひねれば取れるよ。……取れた！

蛇口の先を持って回すと、網のついた部品だけが外れました。ふるとカシャカシャと小さく音がします。

これ分解できそうだ。えいっ！

へえー！　ザルみたいだけど平らな網だわ。

2枚重なっていたんだね。やっぱり何かをこの網でせき止めているのかも。

蛇口ってほぼ障害物のない管だから、この網がシッポの原因ってことになるんだけれど……。

ゴム製の黒い輪の下には、網が2枚重ねて入っていました。

この網についても調べてみようよ。今度は本やインターネットにも載っていそうだし。

翌日、3人は調べたことを報告し合いました。

あの網は整流器とか整流板って呼ばれているみたい。

ホームセンターの人によると、製品によって形も網の細かさも違うんだって。

ヒカルが予想したとおり、水に紛れ込んだ砂や小石をキャッチする役割があるらしい。「水切れを良くする」っていう効果もあるってわかったよ。

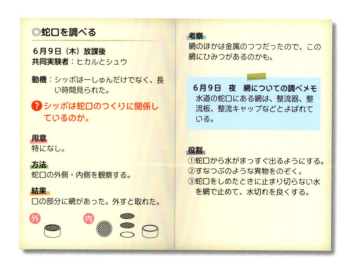

網の効果を確かめよう

網の役割は調べられたけれど、「水切れを良くする」ってなあに？

水を スパン！ って切るとか！

ふふっ。私は聞いたことある！ お母さんが、家にあるステンレスザルを「水切れがいいザル」って話していたよ。ステンレスザルってぬれても水が垂れにくいんだって。

え、穴がいっぱい開いているんだから、もれまくりじゃないの!?

びっくりだよね。水がシャボン玉の液みたいに、ザルの網に膜を張るの。キラキラ光って見えるんだよ。

じゃあ水切れが良い状態って、水がもれたり、ポタポタ垂れたりしない状態ってことなんだね。

なるほど！ ザルなら家にあるから今度試してみるよ。

うん、やってみて！

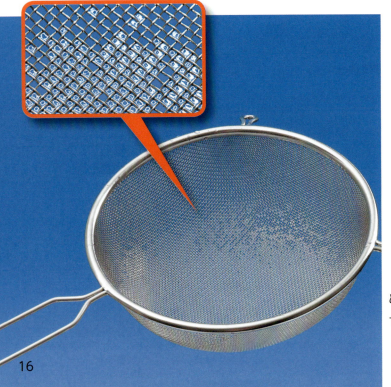

ぬれたステンレスザル（大）と
ザルの網にできた水の膜（小）。

じゃあ、今はその代わりにこんな実験はどうかな。

わっ、コップが逆さまなのに水がこぼれない！

水を止めているのは粉ふるいの網？また網だ。先生、どうしてですか？

水というのは、水分子という小さな粒が互いに手をつないで引き合ったり離れたりして動き回っている状態なんだ。そして、粉ふるいに接している水分子はというと、網とも手をつないで、網にくっついている。

うんうん。

この水分子の引き合う力を表面張力と呼ぶんだ。この力と、空気の圧力、重力とのバランスが釣り合うと、水がとどまって膜のようになるんだよ。バランスが崩れるとこぼれちゃうけどね。

へえー。蛇口の網もこの現象を利用しているんですね。

水には、重力、空気の圧力、水分子の引き合う力がそれぞれ働いています。

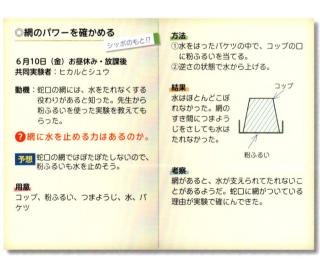

網とシッポの関係を探ろう

蛇口に網がついている理由がわかった３人。本当に網がシッポのできる原因なのかを調べようとしています。

 網がシッポの原因なら、網がなければシッポはできないはずよね。網のない蛇口はないかしら。

 ホースを蛇口に取りつけたら？ ほらほら、水を出してもホースの先にはシッポができないよ。

 本当だ！ じゃあさ、ホースの先に網をつければシッポができるかな？

 それ、やってみましょうよ！

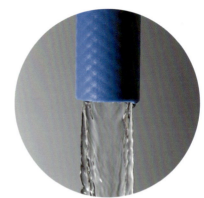
ホースから出る水にはシッポが見えません。

ホースの先に整流器の網をはめ込みました。

 ### ホースの先に網をつけるとシッポができるか

用意するもの

ホース、ホースの口と同じ大きさの網、バケツ

実験方法

① ホースの口に何もつけずに水を流し、シッポができていないのを確かめる。
② ホースの先に網をはめ、水が網を抜けて流れ出すようにする。
③ ホースの口を真下に向けて、静かに水道水を出す。
④ シッポができるかどうか、様子を観察する。

網をはめたホースから、蛇口と同じシッポが伸びてきました。

あ、ちっちゃなシッポが出た！

本当だ。大きくなっていく。

伸びてきた、伸びてきた‼

網がシッポを作っているんだ。ついに原因を突き止めたー‼

アキは、その夜に今日の大発見をお母さんに話しました。さっそく、家の蛇口で試しますが……。

あれ？ 水が細かい泡になっちゃって、シッポができない。

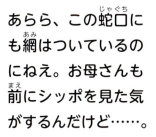あらら、この蛇口にも網はついているのにねえ。お母さんも前にシッポを見た気がするんだけど……。

もしかして、できる蛇口と、できない蛇口があるのかな……。

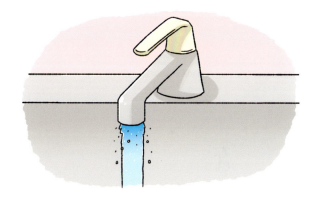

◎網がシッポの原因か
〜ホースに網をつけるとシッポができるか〜

6月13日（月）お昼休み・放課後
共同実験者：ヒカルとシュウ

動機：網には水を止める力があった。シッポを作る力もあるかを知りたい。

❓**網がシッポの原因なのか。**
（網つきホースと網なしホースを比べてみる）

予想 網があるものだけ、シッポができる。

用意
ホース、ホースの口と同じ大きさの網、バケツ

方法
①ホースに何もつけずに水を流す。
②ホースに網をはめて、水を流す。

結果
網のあるほうは、小さなシッポができ、だんだん大きくなってのびた。蛇口のときと同じようにシッポができた。網のないほうはシッポはできない。

考察
シッポは網があるときにだけできる。網が空気を引っかけたり支えたりしているのかもしれない。

19

シッポができない網を追え

アキは、昨夜の出来事を２人に話しました。

うーん。シッポのできる条件がほかにあるのかもしれないね。学校中の蛇口を調べようよ。

３人は学校中の蛇口で水を出してみました。

やっぱり、できる蛇口とできない蛇口があるね。

網の目が細かければいいってことでもないみたい。細かい泡のまま流されちゃうと、シッポみたいに大きな塊にならないんだよ、きっと。

じゃあ次は、それを検証しましょう！

今度は、ホースに取りつける網の条件を変えて、水を出してみることにしました。

細かい網がなかったから2枚の網を重ねてみたけれど、重ね方で網の目の大きさが変わるよな。角度を少しずつずらして比べてみようか。

いいわね。3パターンに分けて水を出してみましょ。私、記録するね。

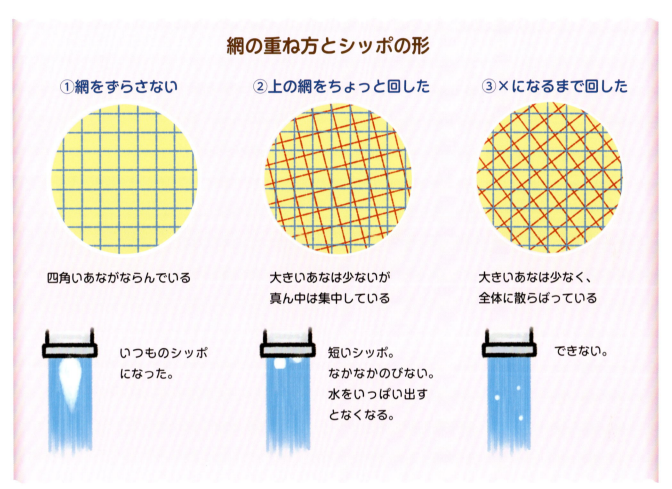

やっぱり、網の目が細かすぎたり、水の勢いが強すぎたりしてもシッポに成長しないね。

③の重ね方では、大きな穴もあるのにシッポができなかったね。大きい穴同士が離れていると、できた泡が合体できずに流れちゃうみたい。

②は③と違って大きい穴同士がすぐ近くにあるからシッポができるのね。網の目の大きさと、穴同士の距離。シッポができる条件がはっきりしたわ！

4 空気はどこからやってきた？

仮説を立てて実験！

シッポができる条件が、蛇口の網の目の大きさと、大きな穴同士の距離であることを突き止めた3人。翌日、先生に報告をしました。

それでね、先生、シッポの正体は空気、犯人は蛇口の網まではわかったんです。でも、肝心な、シッポの空気がどこにあったのかはわからなくて……。

なるほど。君たちはどう考えているんだい？　仮説を立ててごらん。

仮説？

そうだ。シッポの正体である空気がどこから来たのか、自分の考えを説明してみよう。

> **たとえば…**
>
> **Q.** プールの底にある水は温かい？　冷たい？
>
> ---
>
> 「冷たい」と自分が思ったことをいうのが**予想**だ。
> 「水の入ったバケツをひなたに置くと、表面だけ温まっていることがある。プールも同じだと思う」というように考えの理由も説明すると、**仮説**になるよ。
>
>

アキの仮説　空気は蛇口のまわりから入った

じゃあ私から！
蛇口のまわりの空気が巻き込まれて、泡になっていると思う。シッポが長くなると水流が乱れるのは、蛇口近くで空気の渦ができるからじゃないかな。

ヒカルの仮説　空気は泡として流れてきた

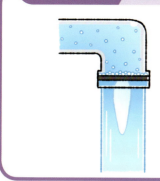

次はぼくね。
ぼくは水道の水には空気の泡も混じって流れていると思う。その泡が網に引っかかって、あとから来た泡とが合体して伸びていく。

シュウの仮説　空気は水から生まれた

最後はぼくだ。
魚は水に溶けた酸素で呼吸するって習ったよ。水には空気が溶けているんだ。水が網にぶつかって、ポンといきなり泡ができるんだよ、きっと。

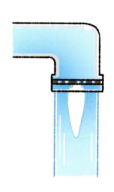

 今までの結果や自分の知識をもとに、うまく仮説を立てられたね。じゃあ、これらの仮説が正しいかを確かめるには、どんな実験をすればよいかな？

 そっか！　何をすればいいかわからないときは、こうやって仮説を立てればいいんだ。

 ぼくの仮説は、水道の水をよく見て、流れてくる泡を見つければいいよね。まずは、それから試してみない？

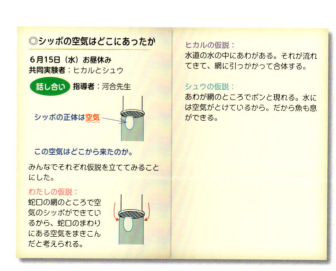

◎シッポの空気はどこにあったか

6月15日（水）お昼休み
共同実験者：ヒカルとシュウ

話し合い　指導者：河合先生

シッポの正体は 空気

この空気はどこから来たのか。
みんなでそれぞれ仮説を立ててみることにした。

わたしの仮説：
蛇口の網のところで空気のシッポができているから、蛇口のまわりにある空気をまきこんだと考えられる。

ヒカルの仮説：
水道の水の中にあわがある。それが流れてきて、網に引っかかって合体する。

シュウの仮説：
あわが網のところでポンと現れる。水には空気がとけているから。だから魚も息ができる。

23

泡が流れてくる？

さっそく、網を外したホースを蛇口に取りつけて観察します。

 さあ、水に泡は混じってる？

 流れが速くてわからない。バケツの水面にホースを近づけたらどう？。

 ……バシャバシャ跳ねてわかんない。ホースを水に突っ込んでみるのは？

 突っ込んだけれど、泡は出てないよ。

くり返し水を出して探しましたが、泡は見えません。

 ぼくの仮説は違うみたいだね……。

 ……あ！バケツの内側に泡がついてる！

 え、見せて見せて！

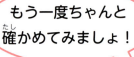 さっきまではなかったのに。

もう一度ちゃんと確かめてみましょ！

さて、水から泡が出てくる現象を再検証します。

確かめる方法だけど、ビーカーなら透明だから、内側もよく見えるよ。

いいね。ビーカーに水をためて、あとから泡が出てくるかを確かめよう。

3人は水道水をビーカーにくみ、しばらく待ちました。

 あ、空気の泡が出てきた！

 ちっちゃい！ しかもビーカーの壁にくっついているみたいだ。

 やっぱりはじめには泡は見えなくて、あとから出てきたんだな。

水道水をくんでからおよそ30分後、ビーカーの内側の壁に小さな泡が現れました。

 うん、シュウの仮説どおり、水から泡が生まれてくるみたい。

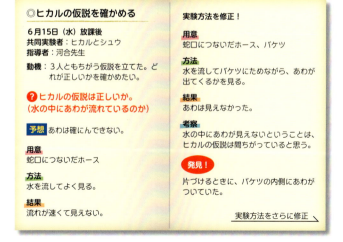

◎ヒカルの仮説を確かめる

6月15日（水）放課後
共同実験者：ヒカルとシュウ
指導者：河合先生
動機：3人ともちがう仮説を立てた。どれが正しいかを確かめたい。

❓ヒカルの仮説は正しいか。
（水の中にあわが流れているのか）

予想　あわは確にんできない。

用意
蛇口につないだホース

方法
水を流してよく見る。

結果
流れが速くて見えない。

実験方法を修正！

用意
蛇口につないだホース、バケツ

方法
水を流してバケツにためながら、あわが出てくるかを見る。

結果
あわは見えなかった。

考察
水の中にあわが見えないということは、ヒカルの仮説は間ちがっていると思う。

発見！
片づけるときに、バケツの内側にあわがついていた。

実験方法をさらに修正▷

水道の水に目に見える泡は流れていませんでしたが、水中から泡が現れることは確認できました。

 現れた泡は、もともと水に溶けていた空気って考えるのが自然よね。溶けている状態から泡になったんだわ。

 うん、でも時間を置かないと泡は出てこなかったよ。シュウの言うように、網にぶつかって泡になるのかなあ。

 なんかサイダーの泡みたい。コップにつぐと急にたくさんの泡ができるよね。

 確かに。衝撃で泡ができるってことか。

 私の仮説はどうやったら確かめられるのかな。

 蛇口のまわりの空気の動きか……。糸でも垂らして、空気の動きといっしょに引き込まれるかどうか、見てみる？

 それおもしろい！　でもすぐぬれて、空気の動きはわからないような気がする……。

 何かいい方法はないかなあ。先生に聞いてみようよ。

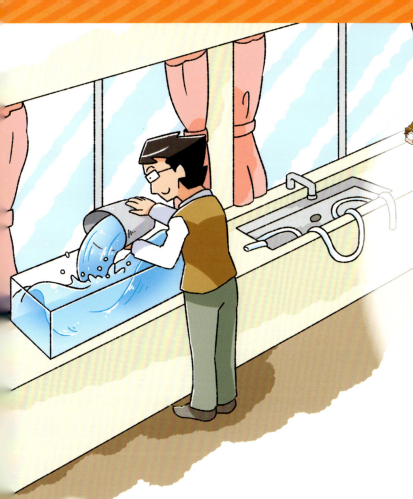

先生ー！

先生は窓際で授業の準備をしていました。

なるほど。網のところで泡が現れているのかどうか、蛇口のまわりの空気が巻き込まれているのかどうか、それらを目で確認できればいいんだね。

そうなんです、でも蛇口やホースの中は見えないし……。

発想を変えてごらん？　水槽の中の魚はどうして見えるのかな？

水槽が透明だから……？　あっ。ホースも透明なら！

そっか、中が見える!!

ちょうど3人の目に、流し台に置かれた透明なホースが見えました。

先生、その透明なホースを貸して!!

ああ、もちろんさ。網がはめられるもう少し太めのホースを用意してあげよう。

透明なホースを借りた3人は、残る仮説とそれを確かめる方法を整理することにしました。

水に溶けている空気？

仮説とここまでの実験結果を整理して書くね。

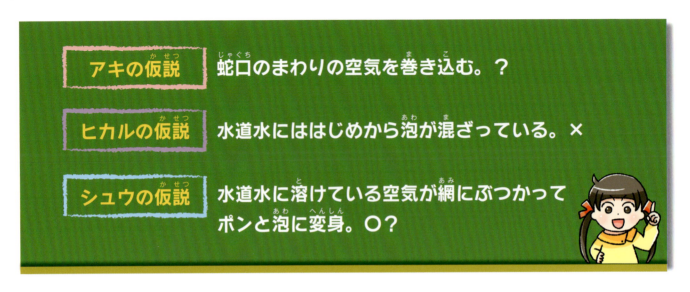

アキの仮説	蛇口のまわりの空気を巻き込む。？
ヒカルの仮説	水道水にははじめから泡が混ざっている。×
シュウの仮説	水道水に溶けている空気が網にぶつかってポンと泡に変身。○？

水の中に泡は見えなくて、ヒカルの仮説は正しくないことがわかったんだよね。

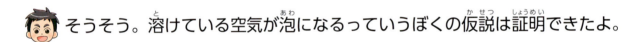そうそう。溶けている空気が泡になるっていうぼくの仮説は証明できたよ。

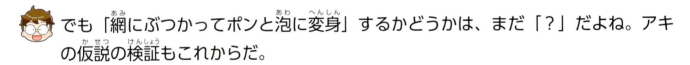でも「網にぶつかってポンと泡に変身」するかどうかは、まだ「？」だよね。アキの仮説の検証もこれからだ。

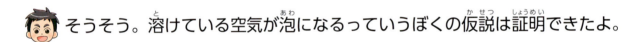うん。私かシュウか、どちらかの仮説どおりでありますように。

よーし、透明なホースで実験だ。ラストスパートをかけていこう！

網のところで泡がポンとできれば、シュウの仮説が正しいってことだね。

さあ、やろうぜ!!

網で空気が泡になって現れるか

用意するもの 短い透明なホース、網、バケツ

実験方法
1. 透明なホースの口に網をはめ込む。
2. ホースの口を真下に向けて動かさず、静かに水道水を出す。
3. 網のところを通る水の様子を観察する。

 よし、水を出すぞ！　いっけー！

 あ、できた。

 デキテル……。

 すごい、網までは泡がないのに、網で泡がたくさんできている。

網では水の中から空気の泡が生まれ、どんどん合体していました。大きな塊になった泡は水の流れで伸びて、シッポの形になっているようです。

 泡がくっついて伸びているのよ。シュウの仮説が正しいのね！

 ふっ。答えを出すのは早いぜ。

 シュウってば、うれしそう。

網の前には泡が見えず、網から生えるようにシッポができている様子が観察できました。

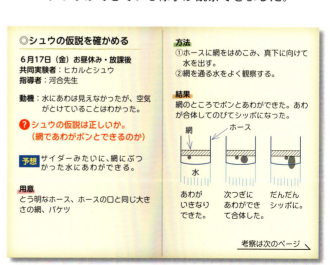

蛇口のまわりの空気？

 次は私の仮説ね。

 それも透明なホースで確かめられそうじゃん？

 どうするの？

 長めのホースの真ん中あたりにまで網をはめ込めばいいのさ。網の前も後ろも空気がない条件のできあがり！

 そうか！　すごい。確かめたいことと逆の条件を作るのね。空気がまわりになくてもシッポができたら私の仮説は違うということね。

 シュウ、天才。

 へへー！　やってみようぜ。

 蛇口のそばの空気を巻き込んでシッポになるのか

用意するもの　透明なホース、ホースの口と同じ大きさの網、バケツ、割り箸

実験方法
1. 透明なホースに網をはめ込み、できる限り奥まで割り箸で押し込む。
2. ホースの口を真下に向けて動かさず、静かに水道水を出す。
3. 網のところにできるシッポの様子を観察する。

あ……、シッポができちゃった。

 アキの仮説が正しいなら、まわりの空気がない条件ではシッポができないか、すごく小さいはずだよね。

 そうよ。でも1cm以上伸びている。まわりの空気は関係ないってことね。

 水から生まれる空気の泡だけで、シッポになるんだね。

 悔しいけれど、そうとわかれば先生に報告しに行きましょ！

 あー待って、このホースどう置けばいい？

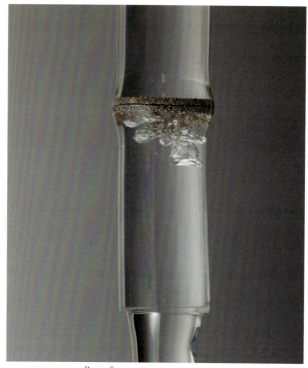

ホースの中に引き込まれる空気はありませんが、網にはたくさんの泡やシッポが現れました。

 中途半端な長さだし、丸まっているんだよね。そのまま口を上に向けて置いておけば大丈夫よ。

 オッケー。

◎わたしの仮説を確かめる

6月17日（金）放課後
共同実験者：ヒカルとシュウ
指導者：河合先生

動機：シュウの仮説は正しい。でも、わたしの仮説が間ちがっているかはわからない。

❓ わたしの仮説は正しいか。
（蛇口のまわりの空気をまきこんであわができるのか）

予想 まわりの空気があわになっているのならば、まわりの空気をさえぎればシッポはできない。

用意
とう明なホース、ホースの口と同じ大きさの網、バケツ、わりばし

方法
①わりばしを使って、網をホースのおくにおしこむ。
②水を出して、シッポができるかどうかを観察する。

結果
シッポはできた。
1cm以上の長さにのびた。

わたしの仮説は間ちがってた
……考察へ！

31

3人は先生を連れて理科室に戻ってきました。

 あら、ホースの途中に残っている水、やっぱり泡が出てきているわね。

 水の中に空気があるんだ。

 ほう、自分の仮説を自分の目で確認できたんだね。

 先生、準備ができました。シッポを再現してみますから、見ていてください。

ヒカルは透明なホースを持って蛇口をひねりました。

 おお、本当だ。これほどはっきり見えるとはすごいな。シッポができる条件は解明できたかい？

 はい。まず蛇口の網のところで空気の泡ができます。そして泡は小さいままではなく、合体します。それが水の流れで伸びてシッポになるんです。しかも網のまわりに空気がない状態でシッポができることも確認しました。

 なるほど……。水の中から空気が生まれたか。シッポの正体の空気とは、おそらく水の中に溶けている気体や、それに水が気体になった姿、「水蒸気」かもしれないね。

 水蒸気!? 水って身近にあるのにふしぎなことばっかりだ。

5 水の科学館を訪ねて

水道や水をもっと探ろう

シッポの条件や正体を調べた3人は、水道や水のことをもっと知りたくなりました。そこで、おうちの人といっしょに水の科学館を訪れることにしました。

写真提供：東京都水の科学館

 今までの実験と関係することも調べられたらいいな。たくさんメモをとりましょ！

水源林が再現されている！

場所によって水道管の太さが違うんだって。

体の半分以上が水なの？

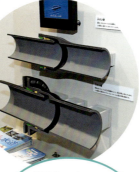 楽しーい！　写真もたくさん撮れたよ。

ノートにまとめよっか！

最先端技術だ！

水の科学館まとめノート

1 水のたびシアター

わたしたちが水のつぶになって、山や町、海をめぐるえい像をみた。水は雲や雨にもすがたを変えていて、世界をじゅんかんしていた。

2 水のふるさと

水道水のふるさとは川の上流にある「水げん林」。ふり注いだ雨水は、地面にしみこんで土の中にたくわえられている。水を守るには、森林の自然を守ることが大事だとわかった。

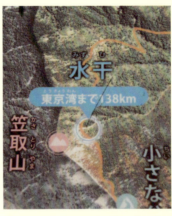
多ま川のげん流「みずひ」

森林の土は地表の落ち葉によってかんそうしにくい。

3 おいしい水のひみつ

てん示「おいしい水ができるまで」

じょう水場では最新の技術を使って水をきれいにしている。水をきれいにする仕組みを、ゲームで楽しく学べた。

4 くらしの中の水

水のさまざまな使われ方が、も型でしょうかいされていた。

生活の知え「打ち水」

高い建物の増圧ポンプ

マンションなどでは、増圧ポンプで水が持ち上げられていた。

★ スペシャルイベント ★

 ### 水の実験室

水の性質を利用した実験ショーがあった。水は真空にするとこおってしまった。

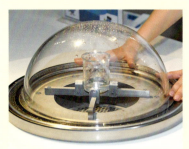

圧力を下げると「だっ気」する。　最後にはこおってしまった。

> 水にとけていた空気が出てくること

 ### アクアツアー

科学館の地下にある水道し設「給水所」をガイドさんに案内してもらった。ひみつ基地に下りていくみたいでワクワクした。写真はとれなかったけれど、実際に動いているし設ははく力があった。機械の中の様子がプロジェクションマッピングで見られて、びっくりした。

> 立体の物にえい像をうつす技術

- 「水げん林」となる森林を守ることの大切さを感じた。
- 水をおいしくするための最新の技術を知ることができた。
- 高いところに水そうを置いたり、圧力をかけたりすることで、蛇口をひねるだけで水が出てくる。
- 水は、圧力が下がるとぼこぼこと空気を出して、真空になるとこおってしまった。
- 毎日使っている水道水なのに、知らないことだらけだった。シッポは、水道のつくりや水の性質と関係があるのかもしれない。

6 調べたことをまとめよう

結論を出そう

翌日、3人は科学館に行ったことを先生に報告しました。

 科学館にシッポのことを知る人はいなかったけれど、水を真空にすると空気が出てきたり、氷になったりすることがわかりました。

 うんうん、シッポもきっといろんな条件が重なって偶然できた現象だと思います。

 はっきりしたことはわからなかったようだけれど、もしかしたらいいヒントをつかんだのかもしれないね。ここまでわかったことをもとに結論を出してみようか！

 結論？

 ああ、そうだよ。これまでの実験の結果や考察から、何がわかったのかをまとめたのが「結論」だ。それぞれの実験の考察を並べて、関連したもの同士で分けて、まとめてみてごらん？

 なるほど！　やってみます。ヒカル、シュウ、研究ノートを見返しながら書いてみない？

 うん、これでぼくたちの研究はひと段落するって感じだね。

考察 関連したもの同士で分ける。

- シッポは空気だ
- 水流の乱れとシッポは関係する
- 形の変化にきまりがある
- 水に空気が溶けている
- 網での衝撃で泡が発生・合体
- まわりの空気は巻き込まれていない
- 圧力が下がると水から空気が出る

結論 項目ごとにまとめる。

1. シッポの正体とでき方
2. できたシッポの特徴
3. 水の中の空気の性質

結ろん

> まとめられたわ。これで完成ね。

1 蛇口に見えるシッポは空気である。水が蛇口の網にぶつかると、空気のあわの発生と合体が起こる。蛇口のまわりの空気はまきこまれていない。

2 シッポの形の変化にはきまりがある。また、のびる長さには限界があり、水流のみだれとシッポの発生・消めつは関係している。

3 水にはふだん空気がとけている。水道水をためてしばらく置いたり、圧力を下げたりすると、あわとなって出てくる。

今後の課題

● 同じ網を使っても、蛇口とホースの口ではシッポの形が少しちがった。また、湯わかし器のついた蛇口でシッポを出すと、水温によってのび方やちぎれ方がちがった。

→どんな場合だとシッポができるのか、できないのか、なぜのび方や形がちがうのかについて、水温、水流の量や速さ、網や管の種類などの条件も変えて検証したい。

> 長い旅をしてきたみたいだ。

> 自分で実験の方法を考えるのも楽しかった！

ポスターを作ろうよ

 3人ともよくやったね。せっかくだから、クラスのみんなに発表したらどうかな？

 おもしろそうだね。やろう、やろう！

 私、模造紙にまとめてみたいな。作ったポスターの前で研究の流れを説明したり、質問に答えたりするやつ。「ポスター発表」っていうんだよね。

 それかっこいい！　あ、でも教室は広いよ。ポスターは掲示用にして、教室ではプロジェクターを使って大きく発表しない？

 いいね！　そうしようよ！　先生、いいですか？

 もちろん！　ならば発表に必要な項目を紹介するね。研究ノートと同様に、研究のまとめ方にも基本があるんだよ。読み手や聞き手にわかりやすい報告にしようね。

レポートの枚数や発表の時間によっては実験の説明の一部を省略してもOKだ。

研究のまとめに入れる項目
〜レポート・ポスター・発表資料の主な内容〜

- **表題**……………タイトル。短い言葉で研究内容を表す。
- **研究の動機**……なぜこの研究をしようと思ったのか、きっかけや考えたことを書く。
- **実験・観察**……何を調べたかったのか（目的）、何を使ったのか（用意）、何をしたのか（方法）、どうなったのか（結果）、何がわかったのか（考察）を入れる。
- **結論**……………研究の成果をまとめる。箇条書きにするとわかりやすい。
- **参考文献**………研究に役立てた本やウェブサイトの情報を載せる。

でも先生。やった実験が多くてポスターに入らないよ。どうすればいいの？

それは大人の研究者も悩むことさ。実験がたくさんあるのなら、結論を出すために必要だったものを優先して入れるようにしよう。実験が失敗しても、それによってわかったこと、結論に結びついたことがあるのなら、その結果も入れようね。

じゃあ、模造紙は何枚使っていいの？

ポスターの枚数にきまりはないよ。けれども短くまとめて書くのがベストだね。まずは1枚で収まるように考えてごらん？　模造紙に書く前に小さい紙に下書きをして、内容を決めていこう。

なるほど……お、1枚に収まりそう！

色ペンを使ったり、「☆」みたいな記号を使ったりしてもいいですか？

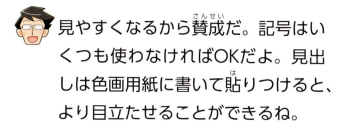見やすくなるから賛成だ。記号はいくつも使わなければOKだよ。見出しは色画用紙に書いて貼りつけると、より目立たせることができるね。

わかりました。
よーし。一気に完成よ！

おー！

39

蛇口に見えるシッポの正体をさぐる

実験者：川野アキ、青山ヒカル、小西シュウ

1. 研究の動機

理科室のそうじをしているときに、水道の蛇口から出ている水の中に、白いシッポができていることを発見した。どうしてシッポができるのか、ふしぎに思った。

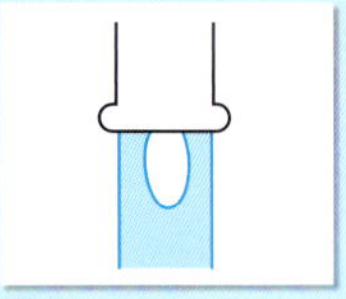

図1　蛇口に見えるシッポ

2. シッポの観察

Q. シッポは何からできているか。
ストローをシッポにさすと、水が出てこなかったので、中身は空気だとわかった。

Q. シッポの形は変わるのか。
水が空気におされているのか、形の変化にパターンがあったり、のびる長さには限界があったりした。

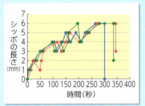
図2　蛇口のシッポの長さの変化

3. 蛇口のつくりに注目

観察〈目的〉蛇口のつくりに特ちょうはあるか。
〈方法・結果〉蛇口の先を分解すると、平らな円形の網が出てきた。蛇口によってはなかったり、網の目の細かさがちがったりした。この網は「整流器」とよばれるもので、水に混じった異物をのぞいたり、水切れを良くしたりする。

図3　蛇口の先っぽ（上）と先っぽのパーツ（下）

水がポタポタたれないこと。

4. シッポと網の関係

実験〈目的〉シッポができる網の条件は何か。
〈方法〉網があってもシッポができない蛇口があったので、網の細かさを変えて、ホースに取りつけて水を流した。
→ 2まいの網を角度をずらして重ねた。

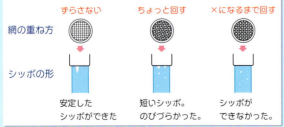
図4　2まいの網の重ね方とシッポの形

〈結果〉網がなかったり、網の目が細かすぎたり、大きいあな（網の目）同士のきょりが遠すぎたりするとシッポができない。

5. 空気はどこから

Q. シッポの空気はどこから来たのか。
実験者3人がそれぞれ仮説を立てて、実験で確かめることにした。
- 仮説1　空気は蛇口のまわりから入った。
- 仮説2　空気はあわとして水道を流れてきた。
- 仮説3　空気は水にとけていていきなり生まれた。

実験〈目的〉水道水の中にあわは見えるか。

図5　ビーカーのへき面にあわが出たビーカー

〈方法・結果〉ホースの先を水中につっこんで水を出したがあわは見えなかった。
→ 仮説2は間ちがいだった。
ホースをぬいて放置すると、あわが出てきた。
→ 仮説3のとおりになった。

実験〈目的〉網で空気があわになって現れるか。

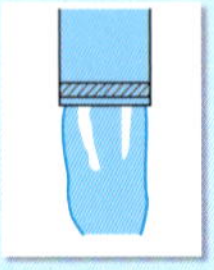

図6　先っぽに網をはめたときのシッポ

〈方法・結果〉とう明なホースの先っぽに網をはめて水を流した。網の部分で水の中から空気のあわが生まれてどんどん合体していた。合体したあわが大きなかたまりになって流れでのびて、シッポの形になっていた。
→ 仮説3のとおりになった。

実験〈目的〉蛇口のまわりの空気をまきこむのか。

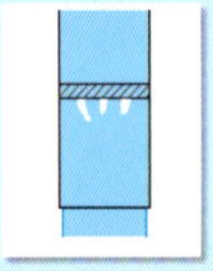

図7　ホースのおくに網をはめたときのシッポ

〈方法・結果〉とう明なホースのおくに、網をはめて水を流した。空気が入りこむ様子はなく、網の部分であわができていた。シッポも1cm以上の大きさのものが確にんできた。
→ 仮説1は間ちがいだった。

6. 結ろん

- 蛇口に見えるシッポは空気だった。
- 形の変化にはきまりが見られ、のびる長さには限界があった。
- シッポができるのは、網によって水にとけていた空気があわになるからだった。

7. 課題

- 水温、水流の量や速さ、網や管の種類などを変えて、シッポの発生条件や変化、形のちがいをくわしく確かめたい。

8. 参考文献

- ○×太郎 著『水道と生活』○×出版社 刊
- ウェブサイト「水と生きる」http://www.xxxxxx-xxxx.jp

できたー！

 おお。すばらしい！　目を引きつけるポスターだ。

 へへ、この調子で発表用の資料も作っちゃおうぜ。

 うん、ポスターを見ながら作れば簡単だよ。

 頼もしいな。発表用の資料は、文字を詰め込みすぎないようにね。読みやすいように、内容を細かく区切る、読めない漢字は使わない、というのもポイントだよ。

研究の動機

理科室のそうじ中に、蛇口から出る水の中にシッポを見つけた。
↓
どうしてシッポができるのか、ふしぎに思った。

 ねえねえ、途中でみんなにどの仮説が正しいと思うか聞いてみない？

 それいいね！　クイズっぽくておもしろそう。

蛇口のつくりに注目①

蛇口の先っぽを分解した。

あなたはどの仮説に賛成？

仮説1　空気は蛇口のまわりからきた。
仮説2　空気はあわとして流れてきた。
仮説3　空気は水から生まれた。

お、聞き手のことを考えたすばらしい発表になりそうだ。

7 みんなに教えちゃおう！

では、これから私たちの研究の発表を行います。

3人の発表は、学級活動の時間を使って行われました。

クラスのみんなは実験に使った透明なホースや網に興味津々。発表のあとの質問コーナーでは、シッポを初めて見つけたときのことや、どうして研究を始めたのか、一番たいへんだったことなど、たくさんの質問が飛び出しました。

先生は、プロジェクターの準備とはじめの紹介をしたあとは、3人を信じて見守っていました。アキ、ヒカル、シュウのそれぞれと目が合うと、彼らを応援するように笑いかけました。

8 研究に大切なこと

発表を終えた日の放課後、3人と先生は、教室で発表の片づけをしました。

🧑‍🦰 発表は大成功だったんじゃない？ 途中で「私の仮説が正しいと思う人」に何人も手が挙がってて、仮説が間違っても恥ずかしいことじゃないんだってわかったよ。

🧑 最後の拍手がうれしかったな……ぼくたちもいっぱしの科学者だね。

👨‍🏫 アキ。ヒカル。シュウ。3人ともおつかれさま。君たちはこの研究で大きく成長したと先生は思う。自信を持っていい。

🧒 あ……。ホッとしたからかな。ちょっと涙が……。

🧑‍🦰 ヒカルったら……。でもやり切りました、私たち。

👨‍🏫 そうだね。ここまでやりとげた3人にぜひ聞いてみたいんだが、理科の自由研究に限らず、何か研究するうえで必要なことはなんだと思う？

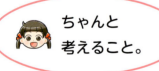 ちゃんと考えること。 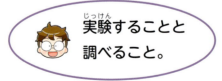 実験することと調べること。  楽しいこと。

 シュウー‼

👨‍🏫 いや、シュウの言うとおりかもしれないよ。興味や熱意があれば、どんな長い道のりも楽しんで進められる。天才といわれる科学者たちの発見も、仕組みを知りたい、なぜだか解明したいといった、彼らのひたむきな熱き思いのたまものなんだ。

それから、もうひとつ。研究ではね、結論も大事だけど、それに至る過程もとても大事なんだよ。

ぼくたちの研究だと、途中でいっぱい考えたことや、何度も実験したこと、調べたことが大事ということですか？

そうだよ。失敗も含めて、研究の過程すべてが大事なんだ。君たちの研究のすごさは、途中でいっぱい考えたことなんだよ。これから先、さまざまな問題に悩んだときに、その、考えたということがきっと役立つはずだ。

研究ノートを見返すと、そのとおりだと思います。

うん、ぼくも実験したり考えたり、進めている途中が本当に楽しかった。

もう、どんな難問もどーんと来いだね。

またまたー、シュウったらあ！

大人の方へ：

　本研究は、小学校4年生時から高校2年生にかけて水流中の空気柱の解明を行った、学生の研究をもとにしています。その報告はJSEC（ジャパン・サイエンス・エンジニアリング・チャレンジ）2006と同2007において発表され、グランドアワードを受賞しました。蛇口の網で空気のシッポが発生するのは、水流の圧力変化によるキャビテーション（液体中に小さな気泡が発生する現象）と考えられ、溶存気体や水蒸気が気泡化し、合体、成長した結果と推定されるものの、完全には解明されていません。シッポは、水の流速、網目の形状、水温が一定の条件を満たさないと発生せず、伸長の変化の仕方は水温に依存しています。また形状は管の材質や網の状態にも影響されると報告されています。

研究ノートの基本

6月9日（木）記録者：アキ　指導者：河合先生

★研究ノートとは

　実験・観察について、気づいたことやぎ問に思ったことなど、考えたことをどんどん書きこむノート。何を考えて、どんな実験をしたのかを、あとで見直したり、同じ実験を再現したりすることができる。こう目ごとにまとめると見やすい。

★研究ノートに書くこう目　　（＊は実験によって必要ならば書くこと）

①年、日にち、時こく…　いつ取り組んだ実験なのかがすぐにわかる。

＊天気、気温、しつ度…　実験にえいきょうするかもしれない場合ははかっておく。

②実験者・指導者………　だれが進めた実験なのかが、ほかの人にもわかる。

③実験の題目…………　パッと見て、どんな実験かがわかるようにまとめる。

＊動機……………　実験することになったきっかけや理由を書いておく。

④目的……………　実験で何を知りたいのかを書く。「～するのか？」とぎ問文でもよい。

⑤予想……………　どんな結果になるか、自分の予想を書く、そうではない結果になったときに、これまでの考えを見直すことができる。

⑥準備（用意）………　実験に使う道具・材料と、その数量を書く。買うためのお店の情報もあるとよい。

⑦方法……………　だれでも同じ実験ができるように、手順を細かく分けて書く。

＊記録……………　実験を行いながらメモをとる。きちんとした表やグラフはあとでよい。

⑧結果……………　記録したことを、文章、表、グラフ、図などに整理してまとめる。

⑨考察……………　「目的」の知りたいことについて、結果から考えられることを書く。予想とちがったときにはその原因も考える。実験者同士で話し合ったことも書くとよい。

⑩結ろん……………　この実験全体から言えること、次の実験の課題を書いておく。

＊付記……………　次の実験者への連らくなど、①～⑩に当てはまらないことを書く。

◎ちがう実験を始めるときは、ノートの続きからではなく、新たな見開きページから記録する。

キーワードさくいん

用語・実験

圧力 ･･･････････17, 35, 36, 37, 45

打ち水 ･･････････････････････34

仮説 ･････22, 23, 24, 25, 26, 27,
　　28, 29, 30, 31, 32, 40, 41, 44

課題 ･･･････････････････････37, 40

気泡化 ････････････････････････45

きまり ･･･････13, 36, 37, 39, 40

キャビテーション ･･･････････････45

給水所 ･････････････････････････35

研究ノート
　　････11, 12, 13, 36, 38, 45, 46

空気柱 ････････････････････････45

グラフ ･･･････････････････････13

結果
　　････13, 23, 28, 36, 38, 39, 46

結論
　　････36, 37, 38, 39, 40, 45, 46

げん流（源流） ････････････････34

考察 ･･･････････13, 36, 38, 46

参考文献 ･･････････････････38, 40

酸素 ･･････････････････････････23

実験者 ････････････････････40, 46

指導者 ････････････････････････46

重力 ･･････････････････････････17

じょう水場（浄水場） ･････････34

真空 ･･････････････････････35, 36

水温 ･･･････････････37, 40, 45

水げん林（水源林） ････33, 34, 35

水蒸気 ････････････････････32, 45

水道管 ･････････････････････････34

増圧ポンプ ････････････････････34

だっ気（脱気） ･･････････････････35

動機 ･･･････････････････38, 40, 46

表題 ･･････････････････････････38

表面張力 ･･････････････････････38

方法 ･･･････････････27, 37, 38, 46

ポスター ･･･････････････38, 39, 41

ポスター発表 ･･･････････････････38

水切れ ･･･････････････15, 16, 40

水分子 ････････････････････････17

用意 ･･･････････････････････27, 46

溶存気体 ･･････････････････････45

予想 ･･････････････････････15, 22, 46

道具・材料

糸 ･･････････････････････････26

色鉛筆 ･････････････････････12, 13

色画用紙 ･･････････････････････39

色ペン ････････････････････････39

インターネット ･･･････････････9, 15

カッターナイフ ･･････････････････11

コップ ･････････････････････17, 26

粉ふるい ･･･････････････････････17

サイダー ･･･････････････････26, 29

定規 ･･････････････････････12, 13

ステンレスザル ･･････････････････16

ストップウォッチ ･････････････12, 13

ストロー ･･････････････････････11

スポイト ･･･････････････････････11

整流器 ･･･････････････15, 18, 40

整流板 ･････････････････････････15

竹串 ･･････････････････････････10

タブレット ･････････････････････12

つまようじ ･････････････････････17

デジタルカメラ ･･････････････12, 13

透明なホース ･･････27, 28, 29, 30,
　　　　31, 32, 40, 43

バケツ ･･･････9, 11, 12, 17, 18, 19,
　　　　24, 25, 29, 30, 31

はり金（針金） ･･････････････････11

ビーカー ･･･････････････････25, 40

プロジェクター ･･･････････････38, 43

ホース
　　････18, 19, 24, 25, 27, 40

模造紙 ････････････････････38, 39

割り箸 ････････････････････30, 31

著者

結城 千代子 （ゆうき ちよこ）

東京都生まれ。東京都在住。上智大学理工学部物理学科、国際基督教大学大学院ほかを経て、中高、大学などの物理講師となり、一方で晃華学園マリアの園幼稚園の園長も務めた。現在、上智大学非常勤講師。東京書籍中学理科、小学校理科、小学校生活科教科書執筆委員。元NHK高校講座物理基礎講師。個人著書に、プロジェクトサイエンスシリーズ『ホット・ホッター＆ホットネス』（コロナ社／富沢ちよこ名義）など。

田中 幸 （たなか みゆき）

岐阜県生まれ。東京都在住。上智大学理工学部物理学科卒業後、企業で発電所設計に携わり、後に慶應義塾高等学校、都立日比谷高等学校、西高等学校などの講師となる。現在、晃華学園中学校高等学校教員。物理教育学会、物理教育研究会（APEJ）会員。東京書籍中学理科教科書執筆委員。NHK高校講座物理基礎制作協力。

＜２人での活動＞

子育てと教育研究を両立させた経験をもとに、親子で理科を楽しんでもらう活動「ママとサイエンスプロジェクト」を共同で企画運営。その一環として、『ふしぎしんぶん』を毎月発行している。ウェブサイト（http://science-with-mama.com/）では理科展などで賞を受けた小学生の自由研究を紹介するほか、幼稚園や小学校低学年対象の科学遊びを各所で実施している。

＜共著書＞

『くっつくふしぎ』（福音館書店）、『絵図解 輝くなぞ（光のふしぎ）』（絵本塾出版）、『新しい科学の話』（東京書籍）、『まんがで攻略 理科っておもしろい—重力のふしぎ—』（実業之日本社）、『探究のあしあと 霧の中の先駆者たち—日本人科学者』（東京書籍）、ワンダーラボラトリシリーズ『粒でできた世界』『空気は踊る』『摩擦のしわざ』『泡のざわめき』（太郎次郎社エディタス）など。また訳書として、家庭で楽しむ科学のシリーズ『やってみよう天文』ほか同シリーズ2冊（ジャニス・ヴァンクリーブ著、東京書籍）など。

● **撮影協力**（p.33, 34, 35）・**写真提供**（p.33）
　東京都水道局、東京都水の科学館

● **取材協力**
　中野区立桃園小学校

● 編集：奥泉まさ美
● 撮影：伊知地国夫（p.7, 11, 18上, 19, 29, 31）、
　　　　後藤祐也
● イラスト：青木健太郎
● デザイン・DTP：ニシ工芸株式会社（西山克之）
● 校正：石井理抄子
● 編集長：野本雅央

科学のタネを育てよう①
物語でわかる理科の自由研究
蛇口に見えるシッポのなぞ

2018年9月20日　初版第1刷発行

著　者　結城千代子　田中幸
発行人　松本恒
発行所　株式会社　少年写真新聞社
　　　　〒102-8232　東京都千代田区九段南4-7-16
　　　　市ヶ谷KTビルⅠ
　　　　TEL　03-3264-2624　FAX　03-5276-7785
　　　　URL　http://www.schoolpress.co.jp/
印刷所　大日本印刷株式会社
製本所　東京美術紙工

©Chiyoko Yuki, Miyuki Tanaka 2018　Printed in Japan
Photo ©Kunio Ichiji 2018
ISBN 978-4-87981-650-4　C8340　NDC407

本書を無断で複写、複製、転載、デジタルデータ化することを禁じます。
乱丁、落丁本はお取り替えいたします。定価はカバーに表示してあります。